108个小改变带给你108个大变化
发现一个全新的你

[美]弗朗克·立普曼 [美]黛妮·克拉洛 著 潘亚薇 译

北方文艺出版社

黑版贸审字 08-2019-055号

原书名：THE NEW HEALTH RULES: Simple Changes to Achieve Whole-Body Wellness

First published in the United States as:

THE NEW HEALTH RULES: Simple Changes to Achieve Whole-Body Wellness

Copyright © 2014 by Frank Lipman, M.D. and Danielle Claro

Photographs copyright © 2014 by Gentl & Hyers

Published by arrangement with Workman Publishing Company, Inc., New York.

版权所有 不得翻印

图书在版编目（CIP）数据

108个小改变带给你108个大变化：发现一个全新的你 /（美）弗朗克·立普曼 (Frank Lipman)，（美）黛妮·克拉洛 (Danielle Claro) 著；潘亚薇译. — 哈尔滨：北方文艺出版社，2021.8

书名原文: THE NEW HEALTH RULES: Simple Changes to Achieve Whole-Body Wellness

ISBN 978-7-5317-4503-7

Ⅰ.①1… Ⅱ.①弗… ②黛… ③潘… Ⅲ.①心理学－通俗读物 Ⅳ.①B84-49

中国版本图书馆CIP数据核字(2019)第066971号

108个小改变带给你108个大变化：发现一个全新的你
108GE XIAO GAIBIAN DAIGEINI 108GE DA BIANHUA FAXIAN YIGE QUANXIN DE NI

作　者 / [美] 弗朗克·立普曼　　[美] 黛妮·克拉洛	
译　者 / 潘亚薇	
责任编辑 / 李正刚	封面设计 / 烟　雨
出版发行 / 北方文艺出版社	邮　编 / 150008
发行电话 /（0451）86825533	经　销 / 新华书店
地　址 / 哈尔滨市南岗区宣庆小区1号楼	网　址 / www.bfwy.com
印　刷 / 和谐彩艺印刷科技（北京）有限公司	开　本 / 880mm×1230mm　1/32
字　数 / 100千	印　张 / 4
版　次 / 2021年8月第1版	印　次 / 2021年8月第1次
书　号 / ISBN 978-7-5317-4503-7	定　价 / 49.00元

目录

简介 *1*
你来对地方了（1）
人人适用的准则（2）

饮食 *3*
用真正的食物装满橱柜和冰箱（4）
脂肪对你有好处（5）
照着彩虹的颜色吃（6）
购买有机食品和本地食品（7）
糖的危害（8）
谷氨酰胺帮你戒糖（8）
要用替代甜味品，就选甜叶菊（9）
看好你的水果（10）
营养丰富的生坚果（11）
面包，我们分手吧（12）
舍弃谷蛋白，感觉棒棒的（13）
大豆有可能带来的麻烦（14）
把乳制品当作调料（15）
选择比较健康的奶酪（16）
放心吃蛋黄（17）
关注热量的来源，而非数量（18）
只吃八分饱（18）
有时小鱼好，大鱼糟（19）
为什么野生三文鱼惹人热议（20）
咖啡因的半衰期长达7小时（21）
饮料之战：绿茶vs拿铁咖啡（22）
每周采购清单（23）
让健康食物时刻准备着（24）
肠道热爱发酵食品（25）
如果吃牛肉，要吃食草牛肉（26）
留神鸡肉和鸡蛋的来源（27）
橄榄油，凉拌优于烹调（28）
少吃谷物，多吃蔬菜（29）
像史前穴居人那样吃（30）
巧克力真的对你有好处吗（31）
零食大升级（32）
你所知道的关于早餐的一切，可能都是错的（34）
食莫过量（35）
一杯早餐（37）
别在厨房洗碗池边吃东西（38）
用薄荷茶代替糖果（39）
认真咀嚼（40）
给消化系统喘息之机（40）

运动 *41*
强壮且柔韧（42）
像孩子玩耍一样地运动（43）
选择田间小径还是跑步机（44）
为什么说瑜伽是一件了不起的事（45）
如果只学一种瑜伽姿势（49）
选择瑜伽风格（50）
疼痛即止（51）
呵护你的伤痛（51）
别让电脑伤害你的脊椎（52）
别拴住你懒惰的脚（53）
每隔1小时运动5分钟（53）

提升 54

每天晒太阳15分钟（55）
睡个好觉的简单秘诀（56）
多花时间和所爱的人在一起（57）
别相信功能饮料的忽悠（58）
常用洗鼻壶（59）
实在抱歉，红酒不能当药使（60）
ω-3脂肪酸是什么东西？
它为什么重要？（61）
为何需要营养补充剂（63）
应该每日服用的补充剂（64）
按需服用（66）
远离他汀类药物（67）
增强肾上腺功能（69）
认识体检数据（70）
你需要的医生（70）
奇亚籽的力量（71）
别怕手脏（72）
尊重生物钟（73）
能量棒，无力量（73）
别怕针灸（74）
抬起头（76）
放松背部（77）
勇于拒绝（77）
睡眠训练（78）
养只小猫（79）
专注单项工作（80）

康复 81

换个角度看问题（82）
每天至少做10分钟你热爱的事情（83）
水是最好的饮料（84）
赤脚漫步（85）
离开屏幕度个假（86）
尊重你的脚（87）
重视对食物的敏感性（88）
饮食排毒规划（89）
果汁禁食法并不是在排毒（91）
为何冥想（92）
音乐，如冥想一般（93）
与太阳联系（94）
减轻负担（95）
空闲是必需品（96）
提前1小时准备睡觉（99）
做些工作、娱乐之外的事（100）
培养爱心（100）
什么都是浮云（101）

生活 102

如何净水（103）
使用健康炊具（104）
读懂清洁剂标签（105）
用于皮肤的东西会进入体内（107）
把氯从家里赶走（108）
不用抗菌洗手液（108）
清洁空气（109）
逐步优化清洁剂（110）
"天然牙膏"未必天然（112）
用椰子油替代矿物油（113）
停用主流除臭剂（114）
站着工作（115）
选择健康的床上用品（115）
颜色对情绪的影响（116）
杂物使家杂乱无章（123）
改善居家环境（124）

简介

你来对地方了

欢迎阅读本书。这本书会让你在清醒并富于激情与参与感的同时，带给你神清气爽的秘诀。我们不会喋喋不休地使你陷入那些无用的细枝末节。你将得到改变你的生活习惯所需的一切专业可行的明智建议。这本书并非想要在一夕之间让你做任何改变，而是旨在为你培养那些你想要深刻长久地与之融为一体的生活习惯。任何时候，你翻开本书的任何一页，都会得到一个用之即能让你发生改变的方法。若是你想要得到"告诉我怎么做就够了"这种明确的信息，那这本书满足你的要求，告诉你如何去做。日积月累，一步步改变，你将会逐渐构筑起全新的生活方式。别着急，耐心点，享受这个过程。

人人适用的准则

　　要对自己的身体负责,就必须更好地了解自己的身体状况,包括其优势和劣势。无论你是肉食者还是素食者,是运动员还是刚被激起运动热情的人,本书都适合你。这关乎完整的自我,包括身体、思维和精神,以及使三者皆蓬勃向上的生活习惯和日常活动。与通用规则同样重要的是个体差异,包括每个人所特有的身体、思维和精神状况。你之所需,我们会鼎力相助。

饮食

用真正的食物装满橱柜和冰箱

所谓"真正的食物",是指那些自然生长的,不放在冰箱里或者过不了多久就会坏掉的东西。不给不健康的食品留地方。与其担心那些食品标签,不如少买点包装食品。把那些含有高果糖、玉米糖浆或人工甜味剂的东西从你的食品储藏柜里清除出去,远离那些含有阿斯巴甜、糖精、三氯蔗糖,还有诸如怡口糖、纽甜、善品糖之类的东西。

脂肪对你有好处

　　好身体需要有益脂肪,也就是那些来自牛油果、生坚果、椰子油、食草动物、多脂鱼之类的营养食物的脂肪,甚至是来自食草乳牛的黄油。要尽量避免摄入有害脂肪,也就是那些用于油炸和加工食品的脂肪。有益脂肪是健康之友。

照着彩虹的颜色吃

你的饮食构成中应该包含大量不同种类的深色蔬菜和水果。食物的强烈色彩意味着它含有大量植物营养素和生物活性物质,以保护植物自身免受病毒和细菌的危害,而这些植物营养素和生物活性物质对人类也有类似的好处。

购买有机食品和本地食品

你已经听说过许多传统农业对环境的重要影响,以及购买本地生长的有机食品会如何有助于减少农业生产中化学品和运输过程中燃料的使用。这是一本健康书,为你的健康着想,最好还是选择本地的有机食品。

传统的水果和蔬菜往往是在矿物质贫瘠的土壤中生长的。它们看起来很可爱,但缺乏营养素。而长途运输、长时间冷藏及防腐处理,会进一步使它们损失营养素。因此,要尽量在本地农贸市场购买食材,并在经济条件允许的情况下选择有机食品。如果你能实现超本地化,比如在自己家的后院种菜,那就太棒了。

糖的危害

这可不仅仅是蛀牙和有热量没营养的问题。糖，会增加你患心脏病、癌症、糖尿病和阿尔茨海默病的风险。如果这本书只能给你的生活带来一种变化，那最好的变化就是大幅度减少你对糖的摄入。糖在加工食品中无处不在，不仅仅存在于蛋糕和饼干中，还潜伏在谷类、面包、咸味零食、酸奶等各类食品中。原糖和红糖的名声倒是好些，不过糖这东西会让人上瘾，赶紧戒了吧。

谷氨酰胺帮你戒糖

如果你喜欢吃甜食，在想吃的时候，根据需要，每4~6小时补充1000毫克叫作谷氨酰胺（Glutamine）的东西，就可以帮你戒掉糖。谷氨酰胺是一种良性的氨基酸，能骗过你的身体，使其以为自己正在补充糖（或者说葡萄糖）。它在售卖高品质维生素和营养品的地方很容易买到。

要用替代甜味品，就选甜叶菊

如果想给你的晨间饮品加点甜味，就用甜叶菊吧，这种天然物质，无论粉末状还是液体状，都不会影响血糖。实在不行，你偶尔也可以加一滴原蜜或枫糖浆——不过这两样东西也不比糖好多少。至于那些化学替代品，比如阿斯巴甜，还有糖精之类的，想都不要想，更别说用了。

看好你的水果

从很多方面来说,糖就是糖,不管是白色颗粒状的还是香蕉形的,吃太多对你身体都没有好处。适当吃点美味新鲜的有机水果当然很好,但是过犹不及。尽量选那些低糖水果,比如草莓、黑莓、树莓、葡萄柚之类的,但是不要喝果汁,因为果汁会在深度加工中被加进大量的糖,同时损失了全果纤维的益处。

营养丰富的生坚果

没错,说的是生坚果。店里卖的那种烤熟的坚果可就没什么营养了,因为工业高温烘焙毁掉了坚果中的许多营养素。买生的坚果直接吃,或者回家自己用慢烤的方法:把坚果放在烤盘或铝箔上,放在烤箱里,用74℃的温度烤10~15分钟。烤的时候注意别烤焦了。烤完拿出来,还可以再加点营养丰富的粗海盐。

面包，我们分手吧

小麦不是你的朋友。它是令人上瘾的食欲兴奋剂，所含的谷蛋白有可能致病。各类面包往往都会引起麻烦，所有其他麦类也不例外。早饭不吃烤面包、午饭不吃三明治、晚饭不吃意大利面，是生活方式的一大转变。只要你下决心先做改变，你就会发现其实有很多美味的替代品。

舍弃谷蛋白,感觉棒棒的

谷蛋白是继糖类之后,最主要的人体热量来源。很多人缺乏相关的分解酶,吃了它会隐约感到不适和疲惫,而对于另一些人来说,这种反应还要大得多。免疫系统会把谷蛋白当作外来物质加以排斥和抵抗,这会让人筋疲力尽。不同人对谷蛋白的敏感性差别很大,大多数人对其有轻微敏感,而部分人群则高度敏感。患有乳糜泻(一种由谷蛋白诱发的自身免疫系统疾病)的人完全不能摄入谷蛋白,因为那会给小肠造成损伤。如果你在吃了面包之类的东西之后会有不明原因的胃痛,那你很可能对谷蛋白非常敏感。反正吃面包之类的东西对身体也没太大好处,因为它们没什么营养。至于那些包装好的无谷蛋白食品,更别理它们。它们绝大多数都含有大量的精加工淀粉,那会在别的方面伤害你的健康。

大豆有可能带来的麻烦

　　如果你经常吃豆腐、喝豆奶，或者吃那些素肉馅饼，那你可得重新想想这事了。大豆会对人的新陈代谢和激素分泌产生影响，长期下去，会使人身体衰弱。有人会说大豆富含蛋白质，但加工后的蛋白质并非优质蛋白质，而现在大多数豆制品在加工时，多少都降低了其营养价值而增高了致癌风险。只要消化系统能适应，吃发酵类豆制品要好一些，比如味噌和印尼豆豉。最好只买有机大豆，并且一周最多吃2次。日本毛豆（大豆的原始形态）倒是没问题。如果你是靠大豆补充蛋白质的素食主义者，你最好找点别的蛋白质来源，比如绿叶蔬菜、藜麦和扁豆。

把乳制品当作调料

绝大多数成年人的消化系统处理不好牛奶，所以别喝太多，即使乳制品不会给胃造成太大危害，对你的身体也没什么好处。牛奶有时会引发炎症，产生黏液，并使季节性过敏更严重。限制乳制品摄入量会造成缺钙的说法是种伪科学。深色绿叶蔬菜，如羽衣甘蓝和菠菜，既能给你提供足够的钙，又不会给你的肠胃造成负担。你可以用无糖有机杏仁露或椰奶来代替牛奶和奶油。如果你一定要食用乳制品，请确定它们产自草料喂养的有机奶牛。不合格的乳制品可能含有杀虫剂、类固醇、抗生素和来自受感染动物的细菌。

选择比较健康的奶酪

如果你觉得离开奶酪就生无可恋,那至少得知道哪些东西比常见奶制品对身体好些,包括生奶酪(这东西可不常见)、羊奶制成的奶酪,比如曼彻格奶酪和洛克福羊乳干酪、山羊乳干酪,以及水牛马苏里拉奶酪。所以只要可能,尽量买那些你了解其生产情况的本地农户的产品。

放心吃蛋黄

　　与普遍的看法相反,食物中的胆固醇对你血液胆固醇的水平几乎没有影响。碳水化合物会使你的身体产生有害胆固醇,但鸡蛋不会。所以只要你对鸡蛋不过敏,就放心大胆地吃吧,而且最好吃全蛋,而不是只有蛋白的煎蛋卷。蛋黄中所含的胆碱对身体细胞,特别是大脑细胞发挥其功能非常重要,而且还能提供人体所需的有益脂肪。

关注热量的来源，而非数量

别计算热量，那会把你引到与人造甜味剂和防腐剂为伍的歧途上去，这些东西最不健康了。要多吃那些天然的、高营养的健康食物。对于热量，我们要关注的是它的来源，而非数量多少，因为含有同样热量的蔬菜汤，可比自动售货机卖的那些东西强多了。

只吃八分饱

在家吃饭的时候控制食量并不难，不过在那些菜量较大的餐馆时，你就得自己心里有数了。把盘里的东西吃一半，然后停下来琢磨琢磨，自己吃饱了吗？还饿吗？比起接着吃，是不是来杯甘菊茶更好？如果已经觉得比较饱了，就证明你差不多可以放下筷子了。

有时小鱼好，大鱼糟

体积越大、生长期越长的鱼，往往会含有更多的汞。鱼类体内的汞来自哪里？发电厂烧煤释放到空气中的汞会沉淀到水里，被微小的浮游生物吸收。小鱼吃浮游生物，大鱼吃小鱼。于是，在汞面前鱼鱼平等，谁也跑不了。远离像剑鱼和金枪鱼这样的大鱼，多吃点野生比目鱼和三文鱼之类的。汞不仅会干扰人体的能量供给和特定矿物质的吸收，还会增加罹患阿尔茨海默病的风险。那些真正的微型鱼，汞含量最低，大可以放心地吃，比如黑鳕鱼（又名裸盖鱼）、罐装沙丁鱼及凤尾鱼。

为什么野生三文鱼惹人热议

　　三文鱼富含优质脂肪和蛋白质,所以在现今食物话题中颇受关注。野生三文鱼比养殖三文鱼好得多,因为养殖鱼类被困在狭小的空间里,泡在其自身产生的秽物中,而为了在那种恶心的环境中生存,养殖的三文鱼会被施用抗生素,而这些抗生素最终会被食用这些鱼的人所吸收。更糟糕的是,这些养殖三文鱼的饲料混有一些不好的成分。而野生三文鱼肉则是因为吃小虾而天然长成粉色的,并且不含抗生素和化学药品。

咖啡因的半衰期长达7小时

如果你和很多人一样,对咖啡因的代谢很慢,那么在你喝了咖啡7小时之后,体内仍会存在一半的咖啡因。也就是说,下午4点享受的一杯咖啡会干扰睡眠神经递质,影响生物钟规律,让人夜里11点仍然辗转反侧难以入睡。如果你被失眠所困扰,避免摄入咖啡因会很有帮助。至少也要减少一半的摄取量,并且在下午1点之后,坚决避免摄入咖啡因,包括苏打水(这东西也应该从你的饮食中去掉)。

饮料之战：绿茶vs拿铁咖啡

如果你早上离不开咖啡因，那是时候该减重了。改喝绿茶不仅可以减少每天摄入难以消化的奶制品，还可以增强免疫系统，有助于抵抗癌症和心脏病，甚至预防痴呆症。而且绿茶中富含的植物多酚抗氧化剂，还能保护皮肤免受日晒引起的老化。

一杯绿茶
咖啡因: 约25毫克
脂肪: 0
糖: 0
热量: 0
碳水化合物: 0
结论: 少许能量

一杯拿铁咖啡
咖啡因: 约150毫克
脂肪: 7克
糖: 17克
热量: 190卡
碳水化合物: 18克
结论: 注入能量，随之而来的是情绪不稳、胃痛和饥饿感

每周采购清单

绿叶蔬菜
比其他食物更有营养,单位热量营养更高

十字花科蔬菜
降低罹患癌症的风险

牛油果
降低罹患心脏病、癌症和某些退行性疾病的风险

蓝莓
有助于预防癌症、糖尿病、心脏病、溃疡、高血压

鸡蛋
提供蛋白质和有益脂肪

核桃
富含 ω–3 脂肪酸等营养成分,有助于保护心脏

让健康食物时刻准备着

如果你一打开冰箱就有健康食物整装待"吃",那你多半会吃它;如果没有,你多半就会弄些加工过的包装食品来吃。所以,你从当地农贸市场或是有机食品店采购归来,在把东西放入冰箱之前,就有必要花上半小时的时间把它们洗净处理好,比如把胡萝卜洗净(若非有机作物还要削皮),放在装满水的玻璃容器中保鲜;把草莓洗净沥干,放在沥水篮里保证通风;煮一打鸡蛋;将绿叶蔬菜洗净切好,并保存在干燥的沙拉碗或塑料袋里。让这些健康食品就在手边,时刻准备着被装盘食用,对培养良好的健康习惯很有帮助。

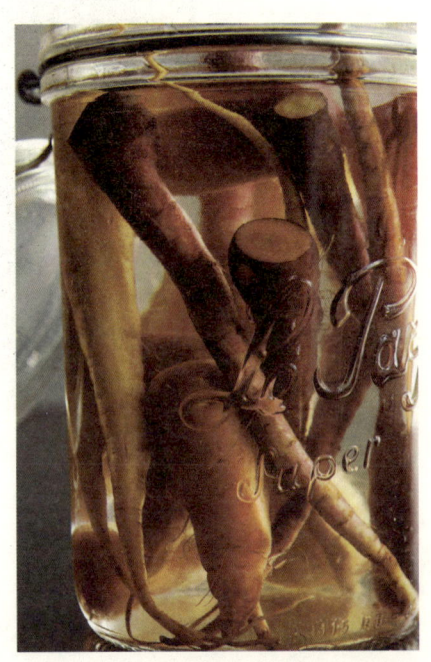

肠道热爱发酵食品

德国泡菜、朝鲜泡菜、红茶菌、腌菜、豆豉等这些发酵食品有利于有益菌生长和肠道健康。不过要从超市冷藏部买这些东西,别买那些未冷藏的腌菜,因为发酵食品需要低温储存,以保证其生物活性,或者买个发酵罐自己做吧。

如果吃牛肉，要吃食草牛肉

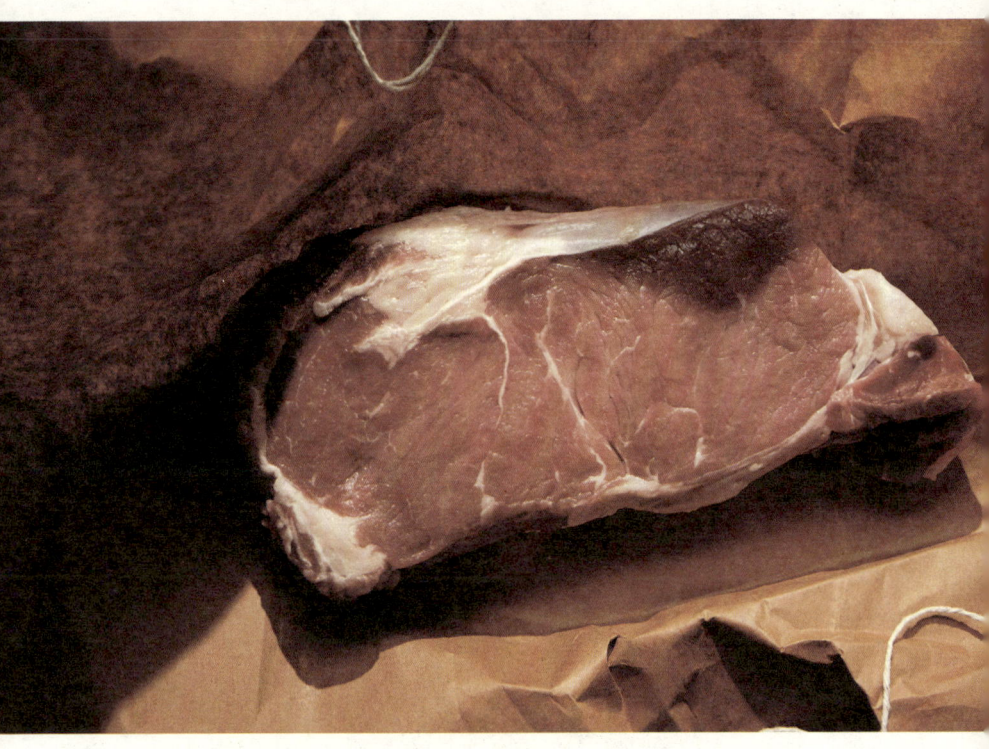

　　为了节省资金，工厂化饲养的奶牛是靠饲喂玉米而不是草料长成的。玉米让牛生病了，就再给它加抗生素。这些药物也会让牛长胖，从商业角度来说，这让牛也成了生产线产品。而从肉食者的健康角度来说，这是一场灾难。如果你吃了工厂化饲养产出的肉类，那可是在吃生病的动物，外加大量的抗生素。建议只买草饲牛肉，如果有可能，从当地农贸市场买那些绿色有机农场出产的牛肉。

留神鸡肉和鸡蛋的来源

"散养"这个词现在就跟纯天然一样没什么意义,而"无笼"可不代表"无箱"(换气孔不同)。最好是在本地市场,从你了解的农民那里去买健康且人道饲养的禽肉和禽蛋。不过这未必能做到,所以就买那些带有"有机"字样的产品吧,好歹这些产品承诺相关的禽类未使用抗生素,也未使用动物副产品喂养。这也不一定靠谱,不过目前也只能如此了。

橄榄油，
凉拌优于烹调

那些特级初榨橄榄油中所含的营养丰富的有益脂肪，会在被加热后发生变化，将橄榄油用于烹饪对身体没有害处，不过那些神奇功效就会损失一部分了。所以煎鱼时，尽可以放心地在平底锅内稍微倒一点儿橄榄油，以防粘锅底。为了更加丰富健康，还可以将橄榄油淋在沙拉或绿色果汁里，带来奇妙的丰润口感。

少吃谷物，多吃蔬菜

　　除了蛋白质和蔬菜之外，谷物是大多数人都习惯在晚餐时吃的第三样东西。不过要论所含的营养，谷物可不如蔬菜，所以选那些富含淀粉的蔬菜来代替吧。美味的胡萝卜、炒洋葱、加香醋的甜菜，以及加薄荷的豌豆，带给味觉的满足感并不输给米饭。如果你对碳水化合物的渴望实在难以抑制，就稍微来点相对健康的食物吧，比如含有蛋白质的藜麦和苋菜。

像史前穴居人那样吃

如果你和越来越多的人所意识到的一样,确实对碳水化合物敏感,那就试试古食法吧。之所以叫古食法,是因为这大概是农业时代到来之前我们祖先的饮食方式。你可以试试这种饮食,它只包括食草动物的肉、野生的鱼、蔬菜、坚果和一点儿水果,不含其他碳水化合物。坚持1个月,看看感觉如何。

巧克力真的对你有好处吗

只有高质量的无糖黑巧克力对健康有显著的好处,它可以改善血液循环,降低胆固醇,并有助于防止细胞损伤。可是大多数巧克力,即使是大部分黑巧克力,都含有牛奶,而牛奶可能会阻碍身体对抗氧化剂的吸收。你一周可以犒劳自己几次30克左右的高级无奶巧克力,买那些标签上标明可可含量在70%以上的产品。至于那些含牛奶的巧克力,就从购物单上删除吧。

零食大升级

垃圾食品吃得越少,你的味觉就会变得越敏感。摆脱了那些高油、高盐、带人工调味的油腻食品,你的口味就会适应甚至渴望健康的脂肪、蔬菜和沙拉了。所以放弃薯条和椒盐脆片,并准备一些随时可得的健康的美味零食吧。下面介绍的这种混合零食一次吃半杯(125毫升),就可以满足你对饱腹和美味的全部要求。找个漂亮的密封容器来装,在冰箱里可以保存几周。将以下食物等量混合:

生杏仁

生核桃仁

生腰果

生巴西坚果

生葵花籽

生南瓜籽

可可粒

最后贴个标签写明装瓶日期。

你所知道的关于早餐的一切，可能都是错的

早上最好远离水果和谷物，你不需要糖和谷蛋白。马上让健康脂肪唤醒你的一天吧。来个煮鸡蛋配上蔬菜、沙丁鱼和无麸质薄脆饼干，或者来半个牛油果挤上柠檬汁或橄榄油，再撒点盐和小茴香，像吃葡萄柚一样把它吃掉吧。

食莫过量

你是否把晚餐作为一天最丰盛的一餐呢?是时候转变啦。午餐应该是吃得最饱的一顿,要包含蛋白质、有益脂肪和蔬菜,因为中午是消化高峰期。早餐也很重要,因为早上人体需要能量启动新陈代谢,牛油果、炒鸡蛋或者昨晚的剩菜,都能提供有益脂肪。晚餐要少吃,有点蛋白质和蔬菜就够了,鸡蛋和沙拉其实已经是完美的晚餐了。一天中的每个时段都要想想食量的问题,恰当合理的食量会令人精力充沛,而过多的食物(即使是健康食物)则会给身体造成过多的负担,令人昏昏欲睡。

一杯早餐

如果你早上食量不大,试一试蛋白质粉和健康脂肪的美味混合饮料吧,将蓝莓、牛油果和芥蓝用料理机打匀就很不错:

120~170克水
120~170克不加糖的椰奶
1份乳清蛋白或豌豆蛋白粉
1份青菜粉
1/2杯(约125毫升)冷冻或新鲜的蓝莓
1/4个牛油果
1杯(约250毫升)芥蓝
4块冰块

把配料混合倒入料理机中,搅拌至顺滑的乳状。

别在厨房洗碗池边吃东西

当你饭后清洗餐具时,如果忍不住要把一些食物狼吞虎咽扫荡一空,最好先坐下来等一等。这对你的消化系统大有好处,而且还能让你想一想你正在吃些什么东西。同样的,尽量不要一边看电视一边吃东西,而且要是带外卖回来,要给自己设个合理的进食量,不要把盒子里的东西全部吃光。思而后吃,你就更可能恰好只吃那些身体需要的东西。

用薄荷茶代替糖果

为了对付对甜食的渴求,试试薄荷茶吧。那会让你的牙齿沐浴一新,重启你的味觉。在家和单位都放一些,旅行时也带点便携装。从营养角度来说,机场真是个暗无天日的世界呢。

认真咀嚼

这可不是一个小注意事项或餐桌礼仪的问题。人体对食物的消化开始于口腔，要是总把大块食物狼吞虎咽吃下去，那么肠胃就不得不超负荷工作。久而久之，消化系统就会筋疲力尽。大颗粒食物碎片最终可能进入血液中，免疫系统就会攻击它们。那人体就会对那些原本没问题的食物起反应了——比如肚子疼。当然，每一口都花足够的时间咀嚼，也会给人体有机会去感受饱腹感，从而避免吃得过量。

给消化系统喘息之机

你可能听说过一种减肥方法叫作"间歇性禁食"，这是一种不会让你过于忍饥挨饿的简单有效的方法。只要每周两三次，让你的晚餐和次日的第一顿饭之间间隔14小时即可，而且早上你可以喝一杯茶。无论是否要减肥，这个间隔可以让你的消化系统得到休息，从而使它能更好地工作。不过如果你低血糖或感到筋疲力尽的时候，间歇性禁食就不适合你了。

运动

强壮且柔韧

在健身问题上,我们往往会集中坚持某种单一方式,要么是激烈的运动,要么是舒缓的瑜伽。但其实你需要的是在两种运动之间取得平衡。阻力、力量或举重训练会使骨骼健康,而随着年龄的增长,这会变得越来越重要。深拉伸(比如瑜伽)可以预防活动时受伤,调整我们在工作中终日保持的固定姿势,培养健康的体态。要经常变换你的体态。定期在健身房进行举重锻炼后,再进行10分钟的拉伸运动,或者瑜伽动作。锻炼最重要的是必须做到位,不能偷懒。这不是为了练出小蛮腰,而是为了你的背部健康,并使整个肌肉骨骼系统有强力的中心支撑。无论使用什么方法,每天都要锻炼身体。

像孩子玩耍一样地运动

我们的身体并非天生擅长长跑。在进化过程中,我们必须能够追捕猎物、逃离危险,然后停下休息。短期的爆发运动配合长时间的温和运动,这种运动方式既让人感觉舒适,又会在保持体形上最为有效。长期以来,人们所坚信的需要持续30分钟的心率提升运动,正被间歇训练计划所取代。并不需要专门设计训练计划或者请私人教练来规划,只要跑步时,冲刺1分钟,然后慢跑5分钟,游泳时快速游1圈,然后慢游3圈。这套系统是许多瑜伽课的根本所在,比如连续2分钟踢腿倒立,然后恢复成婴儿式。但有一些训练需要你自己去调整。还担心无法燃烧足够的热量吗?有了间歇训练,你会燃烧得更多。

选择田间小径还是跑步机

　　如果有机会,多去户外跑跑走走,少去健身房和器械较劲儿。如果有可能,就在未铺砌的地面上走走吧。那些自然的小山丘陵、曲折的地形能刺激强化不同的肌肉,并考验人体的平衡性和协调性,让人得到更彻底的锻炼。

为什么说瑜伽是一件了不起的事

  瑜伽包含很多东西，但很大程度上，它是让人学习如何待在一个不舒服的地方——可以将这个概念带到生活的方方面面：日常工作、人际关系、教育孩子、管理财务等，任何地方都适用。比如站成树姿，重心放在一只脚上有点晃，你可能会对自己说："嗯，如果我把重心往左边挪一点，大概能稳当点；如果我挺起胸，就能更充分地呼吸，让整件事更容易点。"之后当你在办公室开一个令人难以忍受的会议时，你会发现这样的原则同样适用，调整姿态，设法做个深呼吸，然后情况就变得可以忍受了。用这种方法，瑜伽改变了一切。但这不会在一夜之间发生，我们必须反复在瑜伽垫上实践，给它足够的时间融入我们的思维方式。一旦我们得到了它，也就意味着失去了它，并开始重新寻找它。这就是为什么它被称为练习。因为我们永远无法掌控它，但会始终在路上，发现新的风景。

瑜伽是呼吸与运动的结合

瑜伽使人在身体保持反常
或奇异姿态时关注思维所在

瑜伽有助保持谦虚

瑜伽让人敞开心胸

瑜伽让人保持平衡,并在跌落时保护自己

瑜伽是内心力量的混合

瑜伽追求外在的清明,
以帮助我们抵达澄澈的内心

瑜伽会拉伸、强化、刺激并充实人体
每一块肌肉,让人得以舒适地静坐
冥想,不会有任何疼痛来分散注意力

如果只学一种瑜伽姿势

那就选仰卧束角式吧。这种瑜伽姿势可以让心肺舒展开放,而其深度复原姿势,让你无论是否有支撑,都可以做到,无须紧张即可感受到瑜伽的魅力。无论是多日埋首电脑、做手工工作,或是在地板上陪孩子玩耍,我们大多数人的身体前部都是闭合紧绷的。这个姿势会有所帮助。在肩胛下垫个支撑,可选用折叠的毯子、枕头或瑜伽块支撑膝盖、脊柱和头部,你的臀部、胸部、肩膀和喉咙会感到一种温和并逐渐加深的放松。保持5分钟,以这种神奇的方式来开始或结束你的一天。

选择瑜伽风格

如果你刚刚接触瑜伽,在你附近的瑜伽练习馆多半能找到一份各类瑜伽风格的速览手册。串联体位法,或称流瑜伽,是一个动作与另一个动作优雅连续的动态练习,程度不同的班级的编排和挑战程度各不相同。阿斯汤加瑜伽的风格是动作非常严格,也是不同姿势的流转连接,但在瑜伽班中没有变化,每个阿斯汤加瑜伽班都包含顺序相同的姿势。艾杨格瑜伽的每个姿势都是独立的(即不流动),你可能会较长时间保持一个姿势。艾扬格瑜伽非常强调准确性,如果你有伤或者有其他局限,这是个不错的选择。多练几种风格,比只做一种要好。如果有机会可以多尝试几种不同的风格,你就会发现和你最对路的一种。

疼痛即止

身体是否有某一部分有慢性疼痛？锻炼中是否有什么难点令你担心为难？你是否被某种更温和的运动方式所吸引？我们中的很多人，对生活习惯有一种近乎宗教般的虔诚，一定要照做不误，即使事实上那会伤害到我们。把难度降一降，或者把令人不适的部分去掉，运动会更加容易坚持、更加令人愉快，也就更加有效。一个简单规则：如果做某个动作会感到疼痛，就不要继续做了。

呵护你的伤痛

也许有一些体育锻炼是你应做却没做的。我们往往把它当成家庭作业似的任务。但如果你能转变思想，将其视为一种享受，当作那种让人身心放松的好事，比如洗个热水澡之类的，这样你就更容易坚持下来了。只有我们把自己放在优先位置，才能治愈我们自己。想想你活到90岁的情形，那时你肯定不想说："啊哦，我早该做做那该死的拉伸运动，那样我的脚筋可能就不会疼起来没完了。"

别让电脑伤害你的脊椎

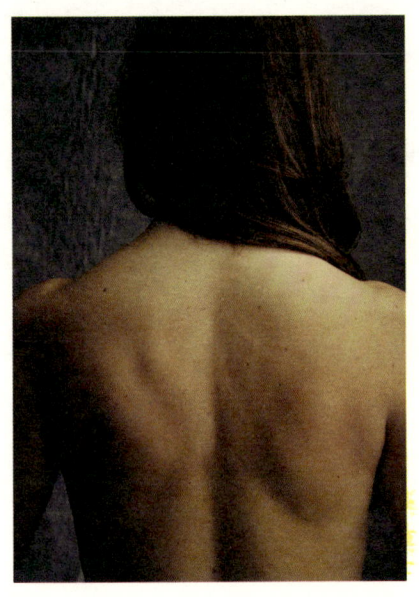

正如你可能了解的那样,当你使用电脑(特别是笔记本电脑)工作时,你的眼睛会渐渐地离屏幕越来越近,下巴突出,耸肩驼背。而你可能并不知道的是,这种姿势会过度拉伸背部肌肉,并缩短身体前部的结缔组织。久而久之,你的身体会对这种不健康的缩紧失调产生记忆,将其作为身体新的存在方式,并维持下去!修正这种姿势,能使你的肺部、肌肉和组织器官还原。而且因为你的呼吸更加顺畅,还能提高能量水平。把电脑抬高到屏幕与眼睛在同一水平线或稍高的位置,让肘部和双手在一个平面上。如果你把笔记本放在腿上,就拿个枕头垫在下面,或者把它放在支架上,让键盘朝向双手。

别拴住你懒惰的脚

如果你从未参加过锻炼，刚开始的时候要舒缓一些。别一开始就去健身房，从生活中做起：早上赶车时绕个远路；走楼梯不要乘电梯。放松地进入运动状态，之后再接触更具挑战的活动。在举重或跑步前要先唤醒自己的身体。把自己从电视剧中解脱出来，告诉自己"我要参加体育运动"，那就更容易开始啦。放下这本书，去散散步吧。

每隔1小时运动5分钟

说起来容易做起来难，不过要把它当作目标，可以把它写在便利贴上，贴在你经常待着不动的任何地方，比如贴在电脑上。每工作55分钟，起来走走或爬爬楼梯。要是你有私人办公室，做几个瑜伽动作或者一段广播体操，还有像俯卧撑、跳爆竹之类的，任何离开椅子的动作，都有利于你的身体健康，而且这种休息还会重启你的大脑。养成这种习惯会大大提高你的工作效率。

每天晒太阳15分钟

人体需要经过日晒产生维生素D,它能保护人体远离各种疾病,包括许多类型的癌症。我们中的大多数人在日常生活中仅能摄取人体所需的维生素D的一半。到户外去享受阳光吧,只要天气允许,每天让四肢晒15分钟,别抹防晒霜。这会给你的情绪和能量带来惊喜。

睡个好觉的简单秘诀

你需要4样东西：一个凉爽的房间（15~20℃）；睡前1小时远离各种屏幕，也就意味着不看电视、笔记本电脑、电子阅读器和手机；完全的黑暗，甚至半夜去卫生间都别开灯，因为那会扰乱睡眠激素——褪黑素的分泌；睡前2小时不吃不喝。把你的电子设备拿到另一个房间去，让那些怪异的充电指示灯远离睡眠区。要是条件不允许，就戴个眼罩吧。

多花时间和所爱的人在一起

是的,这是一个健康因素,会刺激免疫系统。人们需要和真正了解自己的人待在一起,无保留地谈论问题并认真倾听,也需要拥抱、微笑和放声大笑,需要成为真正的自己。如果这些东西已经是你日常生活的一部分了,那么你很幸运。但如果没有,即使要付出努力,也要设法实现它们。别再以为电子邮件或手机能替你实现它们,身体及情感的亲密关系非常重要。

别相信功能饮料的忽悠

让你和你的孩子远离那些五颜六色的东西,用无化学添加的椰子汁代替电解质饮料,不过它含有相当多的天然糖分,所以也不可过量。为了风味更佳,你也可以用椰子汁而非淡水来制作蛋白质奶昔。

常用洗鼻壶

你恐怕未必愿意在另一半面前这样做,但洗鼻就像使用牙线一样,这种每天2分钟的习惯很快就会成为自然而然的事。一旦开始,你就离不开它了。这看起来有点古怪或神秘:壶里放一小勺无碘盐(小勺可能是买洗鼻壶时赠的,或者也可以单独购买),在壶里装满温水,然后把水倒入一侧鼻孔,擦净鼻涕,再在另一侧同样操作。这样你可以更顺畅地呼吸,并且发现感冒不会持续多久,还能减轻季节性过敏的影响。看看在线视频的技术演示,马上就能学会。

实在抱歉,红酒不能当药使

你可能听说过每天一杯红酒对身体有好处。因为红酒含有的白藜芦醇是一种强大的抗氧化剂和抗炎药。这倒也不假,不过其实一杯红酒所含有的那点白藜芦醇——也就1毫克吧——也没有太大意义(要是一杯能含有5毫克,那就另当别论了)。酒精是液体糖,给身体带来的消耗比修复更多。所以找到自己的最佳感觉,你不应该天天喝酒,哪怕是红酒。

ω-3脂肪酸是什么东西？它为什么重要？

ω-3脂肪酸是身体所需要的健康脂肪，它能降低胆固醇和血压，增强免疫系统；促进你的大脑、心脏、关节和眼睛的健康；减少与各种疾病有关的炎症。其主要来源是野生三文鱼、核桃、食草动物的肉、亚麻籽粉和沙丁鱼。

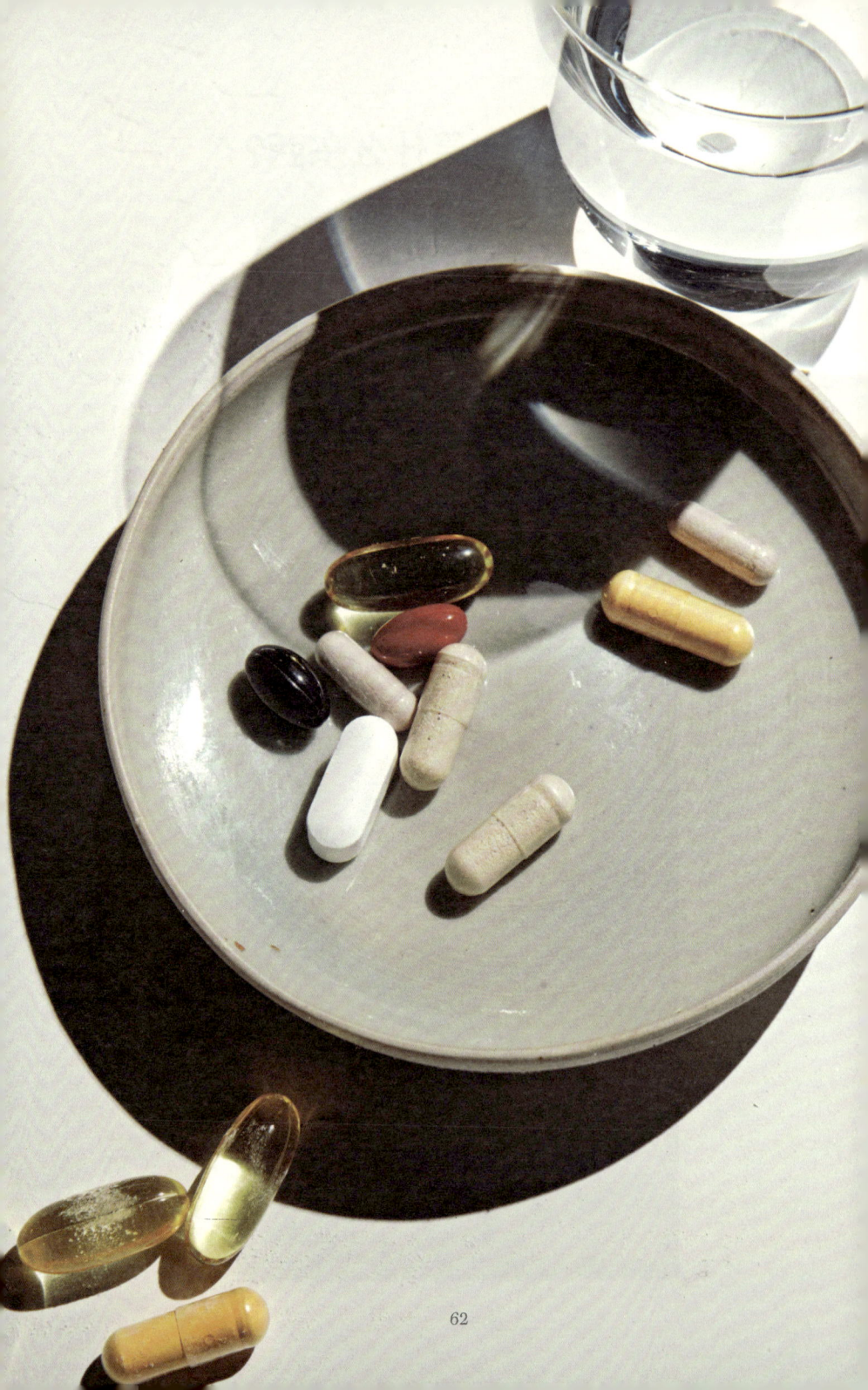

为何需要营养补充剂

在完美世界中，我们的土壤中会有很多重要的营养成分，食品杂货店的产品会有人体所需要的所有矿物质和维生素。但现实并非如此，我们耗尽了土壤的养分，甚至即使吃很多新鲜的有机食品，仍会缺乏某些营养素。营养补充剂，顾名思义，是缺什么补什么，为我们补充缺失的营养，即使那些饮食非常健康的人也同样需要。

应该每日服用的补充剂

复合维生素

选择复合维生素意味着每天要吃2次，每天1次那种通常无法满足人体的需要。要买胶囊剂，而非片剂，因为胶囊剂更易于被人体分解。选择不含糖、乳糖及人工色素的天然制剂。要是在标签上看见氧化镁（一种廉价而缺乏营养的镁元素），那可能不是优质的维生素。补充复合维生素时，必须关注其质量。

维生素D

即使能获得足够的阳光，摄取更多的维生素D也不错，尤其是在太阳光照低且户外活动少的冬天。癌症、心脏病、高血压、关节炎、帕金森病和阿尔茨海默病都与维生素D的缺乏有关。确保你服用的补充剂含维生素D_3（而非维生素D_2），并和你的医生核实你所需的正确剂量。

ω-3鱼油

高质量的鱼油是一种神奇的补充剂，能降低心脏病发病的风险，减少炎症，从而保护你远离2型糖尿病和关节炎。它还有助于缓解抑郁、焦虑和疲惫。要确保你所购买的鱼油已经通过汞含量检测。

益生菌

医生们最终发现，抗生素在消耗我们身体所必需的细菌，所以现在当他们开抗生素的处方时，会建议服用益生菌以平衡肠道菌群。但是要保持我们真正需要的好细菌的水平，我们每天都应该服用益生菌，而非仅仅在使用抗生素时。买那些放在冰箱里的益生菌，别买放在货架上的，而且每份活菌含量应在200亿以上。有人觉得吃大量酸奶就能补充所需的益生菌，不过商业酸奶可不是益生菌的可靠来源，因为巴氏杀菌法会杀死绝大多数的好细菌。

按需服用

如果你的血压很低,每天可额外服用2次150毫克甘草制剂,这是与低血压有关的肾上腺的天然促进物。如果你血压正常或血压偏高则不要服用。

如果你是一个素食者或严格素食主义者,请服用维生素B_{12},该物质主要来自动物内脏、鱼类、鸡蛋和奶制品,有助于保持能量。如果你已经超过65岁,那么即使是肉食者,也请服用维生素B_{12}。因为随着年龄的增长,我们身体吸收食物中的维生素的能力会下降。

如果你睡眠不好,可在睡前服用甘氨酸镁。它有助于调节血压,增强关节功能,保持免疫系统的强大,并支持心脏和大脑的工作。

远离他汀类药物

如果你在服用他汀类药物,如立普妥,以降低胆固醇,你可能知道医学界对这些药物有争议。事实证明,降低胆固醇并不能预防心脏病发作和脑卒中。这些东西销量不小,一个重要问题在于数百万人在非必要地服用他汀类药物,而他汀类药物会导致糖尿病、肝损伤、神经系统问题、肌肉无力等。和你的医生沟通,看是否能停用他汀类药物。同时,如果你正在服用他汀类药物,请每天服用200毫克辅酶Q10,以减轻无力和肌肉疼痛等副作用。

增强肾上腺功能

我们中大多数人的生活都挺疯狂的，永远在执行多重任务，即使没有工作也总是上满了弦。我们总是太忙，经常摄入大量的碳水化合物和咖啡因，而合理的一餐饭是要切实反映在肾上腺数值上的。这些腺体是为了控制我们对压力的反应，如果我们始终处于持续压力状态之中（这大概是我们许多人的生活状态），它们就会筋疲力尽，并向甲状腺反馈需要帮助的信息，使它也不堪重负，从而影响我们的新陈代谢，使体重增加。要是你经常感觉莫名的沮丧，那你的肾上腺和甲状腺可能已经处于这种状态了。有些被称为"适应原"的草药补品很有帮助，可以每天服用，坚持3个月，然后给身体1个月的休息时间。请确保你选择的补品配方中含有人参、刺五加、印度人参和红景天。

认识体检数据

下次和你的医生预约时,要求做以下检查:维生素D含量、糖化血红蛋白和空腹血糖。很多医生对这些检查结果不够重视。维生素D不应低于40,否则应该加以补充。糖化血红蛋白应低于6,空腹血糖则应低于6.1。如果二者有任何一个超过参考值,你的身体可能就无法对糖分进行恰当处理,包括对水果、面包、其他面食,甚至像甜菜这些含糖的蔬菜。在这种情况下,要转而采用低碳水化合物的古食法。

你需要的医生

如果你喜欢这本书中的建议,你可能会想要为你和你的家人请一位功能医学医生。功能医学医生专注于寻找根源,而不只是治疗症状。他们会把病人看作一个整体,并视每一个病人为独立的个体。基本上来说,功能医学医生是你健康之旅的伙伴,你可以相信他会从你的整体情况出发来照顾你的身体。

奇亚籽的力量

这些味道温和的小种子能提供充足的营养,特别是ω-3脂肪酸,还能大大提高饱腹感。如果你正在努力减肥,可以在坚果酱上或奶昔里撒一些。或者按以下配方做个美味的爽滑布丁:在全脂椰奶中加入2汤匙奇亚籽、2汤匙生可可和少许甜菊。搅拌好放进冰箱,10分钟后你就能享受一份醇美的巧克力甜点啦。

别怕手脏

人体需要户外微生物以维持免疫系统的强大。我们大多数人的生活方式都太偏重于待在室内,在房子里、汽车里和办公室里,经常呼吸经过处理的空气。所以只要有机会,多去做做园艺、在沙滩上玩玩,或者在草坪上打打滚吧。

尊重生物钟

生活并非总跟我们合作,不过要是能了解自己的喜好和能量模式,你就能掌控自己的生活。比如你知道自己下午4点会想要一些自动售货机里的甜食来激励自己,那就在下午3点的时候去呼吸呼吸新鲜空气,看能不能转移这种对甜食的欲望。同样的,如果工作的压力给你带来燃烧热量的欲望,那晚上锻炼可能就比早上更有意义。虽然我们都是一个个不同的个体,但有些模式却是通用的。因为睡眠让大脑清醒,很多人在早上会有一段意识非常清醒的时间,甚至醒来时会灵感乍现。所以也许你可以调整自己的日程表,在白天的各种事情填满大脑之前,利用早上的头脑去解决智力或创造性的挑战。

能量棒,无力量

能量棒都是糖,不应出现在你孩子的午餐中,你最好也别经常吃。偶尔犒劳一下自己或者应急的时候,选那些加工程度少的能量棒。要是在食品店被吸引住了,买点生坚果代替吧。养成在书包或书桌抽屉里常备蛋白奶昔的习惯,这样当你需要时,就能获得真正的能量了。

别怕针灸

　　针灸对于肌肉痛、消化不良、失眠、头痛等问题，真的很有效。其基本思路是，人体有一套经络系统，生命力像小溪一样在其中流动。一旦出了问题，就体现为系统中有了阻块，而通过针灸，可让其恢复流动。针灸针是柔韧而非刚性的，比注射针精细得多，而且是无菌的一次性用品。通常你根本不会感觉到针灸针的存在，不过这取决于针刺点及该点的紧张程度，也可能在针刺入的那几秒钟有点疼，等针都下好，放松一会儿（可能15分钟，也可能45分钟），有时医生还会放点舒缓的音乐，然后就会把针拔出来，你甚至都感觉不出来。通过朋友或你信任的医生找个好的针灸医生，如果你还是紧张，可以先咨询一下。

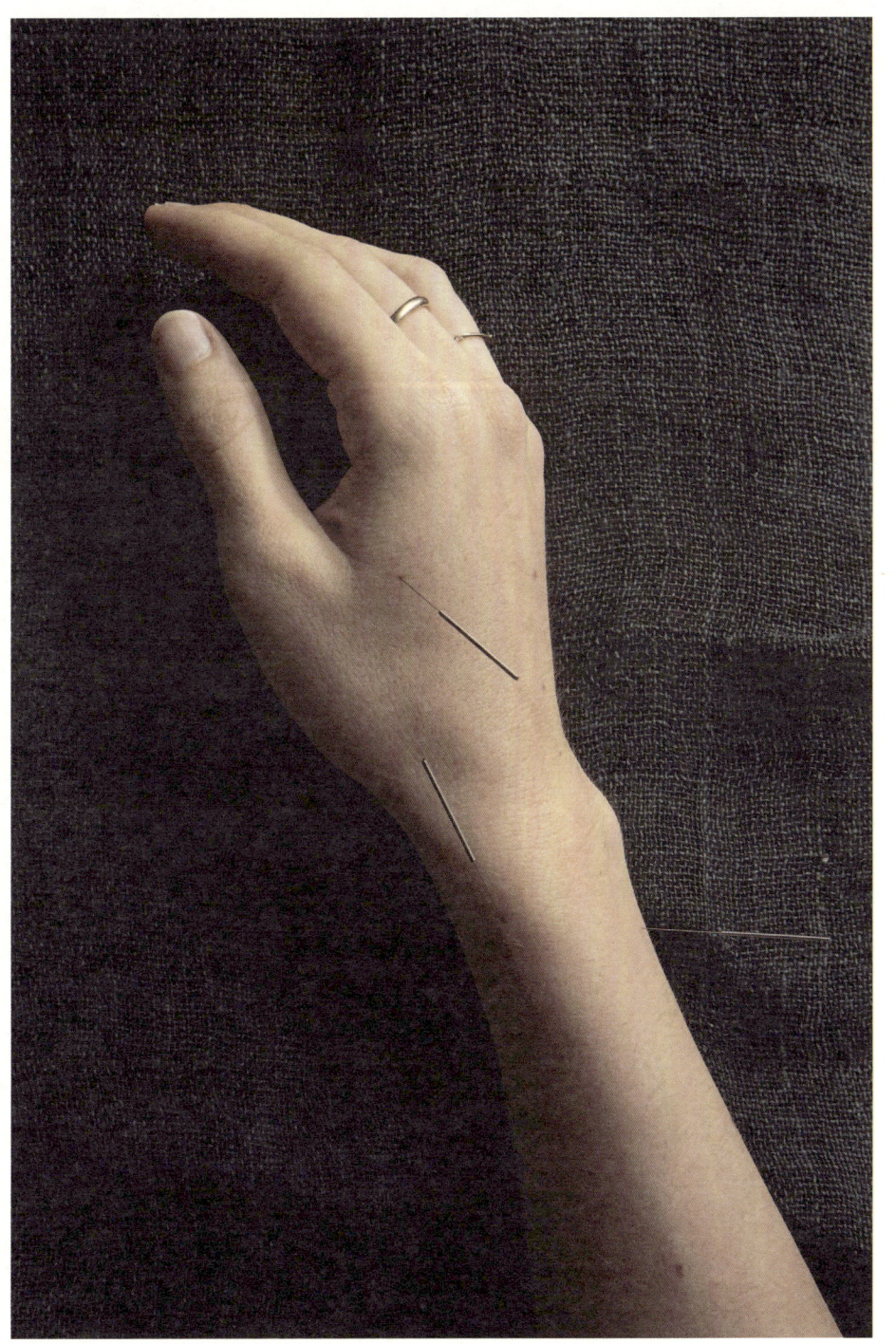

抬起头

就从身边做起,抬起头与他人目光接触。在智能手机泛滥的年代,这是一种调养身体的方法。看看天,坐车时看看售票员,吃午饭时注意一下周围的人。别把头扎进手机里,那会让你脱离环境,并且通常会让人沉溺于垃圾食品。抬起头,融入周围的环境中吧。

放松背部

在工作一天后，或每当你感到疼痛、扭曲时，都可以使用那种你可能在健身房或普拉提工作室中见过的泡沫塑料滚轴来为自己做调整。坐在地板上，把泡沫滚轴放在身后，一端抵住尾骨。让脊柱沿着泡沫滚轴躺倒，保持膝盖弯曲、双脚平放，这样你就可以轻松地自我调整。把双臂舒适自然地放在旁边，把体重自然地压在泡沫滚轴上。呼吸，然后保持约5分钟。之后向一侧滚动，移开泡沫滚轴，在地板上平躺一两分钟。

勇于拒绝

我们中许多人的生活被义务和活动填得满满的，这主要是出于习惯。其实有些事我们可以礼貌地拒绝，别让自己筋疲力尽。就当做个实验，试着把你的可选事务削减一半，看看不把日程表塞满会发生什么。给日程安排留出一些空隙，你的注意力、产出能力和效率都可能会提高，你也可能会感觉更加幸福，更加满足。

睡眠训练

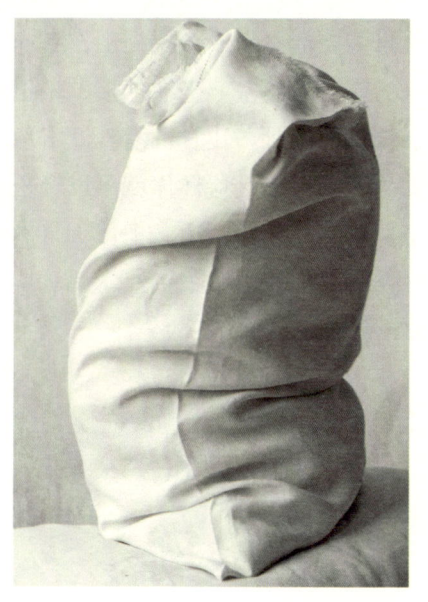

很难想象，在有时间要求的平日和用以休憩放松的周末，都在相同的时间入睡和起床，但如果你能强化生理节奏（比如每天都晚上11点睡觉，早上6点起床），身体会帮你做到这一点。它将逐渐在临睡前开始分泌褪黑素助你入眠，而在早上起床前开始分泌血清素和皮质醇等。这样入睡和起床都更加容易和舒适。即使你不能按时上床休息，也要尽量按时起床。

养只小猫

养只小猫、小狗或者其他只需一点儿爱心的温顺的动物。养宠物的人平均寿命要比不养宠物的人长。爱抚小猫小狗时，人体会分泌血清素，这是大脑的快乐元素。养宠物还可以让周围生机勃勃。

专注单项工作

我们都听说过,同时处理多项工作是效率极低的,但我们的生活速度就是让我们一件事接着一件事地干。有个不错的办法能让你头脑中的喋喋不休安静下来,那就是将全部精力集中在一件日常工作上。比如洗衣服的时候,就专心洗衣服,听听水注入洗衣机的声音,留意洗涤剂的气味,感受衣服在手上的感觉,让这件事成为非常随意的移动冥想。这不会比满脑胡思乱想或者边接电话边做事情所花的时间长,因为你并不需要放慢动作,但却可以有意识地放慢思维,给自己带来平静的感觉,并大幅提高洞察力。你会发现将精力一次集中于一件事,真的让人满足而享受。将它带到工作中,你会发现很大的不同。

康复

换个角度看问题

我们中的很多人都习惯于自寻烦恼和抱怨。烦躁有时感觉像一种为保持相对的安然而不得不交的税一样，人体会把压力转化为痛苦。"往好处想"可能听起来很空洞，但看到光明的一面对健康的益处非常大。正在读这本书的你，大概已经拥有了所有的生活必需品，包括住房、食物、水和关心你的同伴。所以下次发现自己沉溺于消极思考的习惯中，比如抱怨"交通真烦人""我永远也摆脱不了这个工作""怎么还不能见面"的时候，你要有意识地去重塑你的思维方式，去寻找闪光点，或者将思想集中于那些值得感恩的事情上。当你转换思考角度，摆脱消极情绪后，你会发现，这实际是在帮你治愈你的疲惫、疼痛和痛苦。

每天至少做10分钟
你热爱的事情

　　这能产生难以置信的强大力量和治愈效果。我们总觉得自己没时间,但其实绝大多数人都能从某处抽点时间出来,比如少上点网。这不必是什么大事:在空地上打一会儿篮球;在回家的公交车上画点什么;在起居室玩玩音乐、跳跳舞;拿起乐器弹几首曲子。这样做的效果和服用营养品是一样的。

水是最好的饮料

　　一般情况下,如果你喝水喝得足够,其实并不需要非得数喝了多少杯水,人体需要补充水分的时候,"干渴机制"会提醒你的。所有人都离不开水,人体要靠水来维持消化系统和肾脏的正常运转、滋润皮肤等。但如果你没有喝水的习惯,那就按照一天8杯水的老规矩办吧。为了减轻咖啡因对人体的负担,偶尔在早上就喝加柠檬汁的水(无论冷热)吧,不过除非果实是有机洗净的,不然别放到杯子里。

赤脚漫步

无论何时,只要有机会,就踢掉鞋子,赤脚尽情地与草坪、土地和沙滩接触吧。这不仅能让你接触陌生的微生物,从而增强免疫系统,还能给你充电,真的,就是字面意义的"充电"。信不信由你,就如同我们从阳光中获取维生素D、从空气中获取氧气一样,我们从土地中获得的电子有助于维持身体的平静和健康。

离开屏幕度个假

反观多年以前的生活状态,那个时候还没有出现令人上瘾的电子设备,相比之下,我们要定期从现代科技的包围中抽离出来,其重要性不言而喻。而年轻的一代,请把这种脱离当作心灵的净化。经过一些不适和渴望之后,你会感受到从未有过的明晰和平静。

尊重你的脚

双脚是身体的负重和运动器官,要对它们好一点儿。做菜或者煲电话粥的时候,脚底下踩个网球,让每只脚滚5分钟。或者对自己再好点,用脚部按摩器吧。这能放松整天支撑你身躯的所有微小的肌肉,而且对人体整个系统都有细水长流般的好处。少穿那些折磨人的鞋,高跟鞋不仅伤害你的脚,还会影响身体的各个部位:膝盖、臀部、脊椎、脖子,而且你要是受伤了,自然会很烦躁,那就又影响了你的头脑和情绪。脱下高跟鞋之后,花2分钟时间做做伸展,让身体复原:只用前脚掌在台阶上站着,压低一侧脚后跟,让小腿肌肉深度伸展,坚持几秒钟,然后换脚,重复10次。

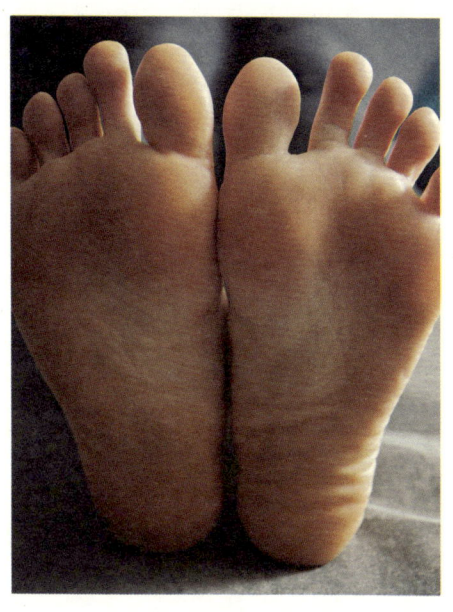

重视对食物的敏感性

也许你有个模糊的感觉,觉得乳制品或谷蛋白对自己不是问题,不过你从未通过真正严格禁食加以查明,要么是因为这是个苦差事,要么是因为你并不真想知道。但还是了解一下更好,这能让你始终感觉良好,而不会被胃痛和疲倦折磨。2周内,停止摄入谷蛋白(面团、面包)、牛奶、玉米、大豆、糖,以及其他一切你怀疑可能让自己敏感的东西。然后依次恢复一种食物,每种食物间隔2天。在测试当天,被怀疑的食物应在早餐和午餐中出现,这样你将可以真正搞清楚自己身体对它的反应。

饮食排毒规划

人体的排毒系统昼夜不停地工作,以抵御空气、水和加工食品带来的毒素,同时还要对抗人体自身生成的毒素,例如肠道失衡所产生的大量毒素。一旦这套系统超载,人就会感到胀气、阻塞、疼痛和疲惫。通过饮食排毒(或者说净化,都是一回事),有助于增强人体自身的排毒能力,并强化肠道和肝脏功能。可以服用排毒营养品,包括抗菌和抗寄生虫的草药,如黑胡桃壳、硫酸小檗碱、葡萄柚籽提取物、苦艾和熊果素。护肝可补充槲皮素、水飞蓟、蒲公英。持续2周时间,从饮食中去掉糖、小麦、酒、奶制品、咖啡因、大豆、玉米、油炸食品和包装食品,同时吃这些排毒补品,你会感到惊人的美妙。1年2次就很好,不过要是多做几次也不错。

果汁禁食法并不是在排毒

果汁禁食法的要点并不在于滋养身体,而是休养消化系统。这也是好事,只要榨成汁的主要都是绿色蔬菜就行。不过水果不行,糖太多啦。但是只摄入液体可能会感觉很饿,那会让人非常暴躁。而且要记住,一旦开始恢复饮食,通过果汁禁食减掉的体重就可能再长回来。

为何冥想

　　冥想有助于身体各部位循环性放松——吸入氧气，呼出紧张。这不仅会让你感觉很好，而且还会改变你应对压力的方式。当你经常冥想，就会发现那些小刺激和大挑战对你的影响不再像过去那么大了，你会更加平静更加友好。在实践层面，当你不断回想某些事件，或是对即将到来的事情感到紧张的时候，冥想会为你过度活跃的思维提供安居之所。这可以算是"酩酊大醉"的健康替代品。有各种各样的练习方法，或随遇而安，或专心致志，抓住每个尝试的机会，找到适合自己的方式。一旦找到感觉，冥想就像你后裤兜中的工具一样，可以随时随地拿来使用，帮你休息、放松，重新充满活力。

音乐,如冥想一般

想象一下坐在沙滩上的那种感觉——你的身体,包括呼吸的频率和心跳的速度,都与海浪的脉搏共鸣。在日常生活中,我们周围的噪声,从交通噪声、建筑噪声、鼓风机的噪声到狗的狂吠声,都会影响我们细胞中的原子振动。轻柔的音乐能舒缓人体内部的节奏,同时刺激副交感神经系统,让我们得到内在的平静(就像冥想一样)。如果你刚好正在学习冥想,与其在沉默中努力,不如在你最喜欢的轻柔音乐中放松,这是个更容易的选择。

与太阳联系

当需要黑暗来触发褪黑激素分泌的时候,我们大多数人的夜晚却都太明亮了,而白天我们又被困在荧光灯下,接触的自然光太少。试着在太阳升起时到户外去,哪怕就待上一两分钟也好,让身体感受日光。在白天找个时间(越早越好),至少接触半小时自然光。晚上在家里把灯调暗,而当你去睡觉的时候,记得要让房间完全保持黑暗(包括房间里的数字钟)。这样你就更容易入睡,而且睡得更香。

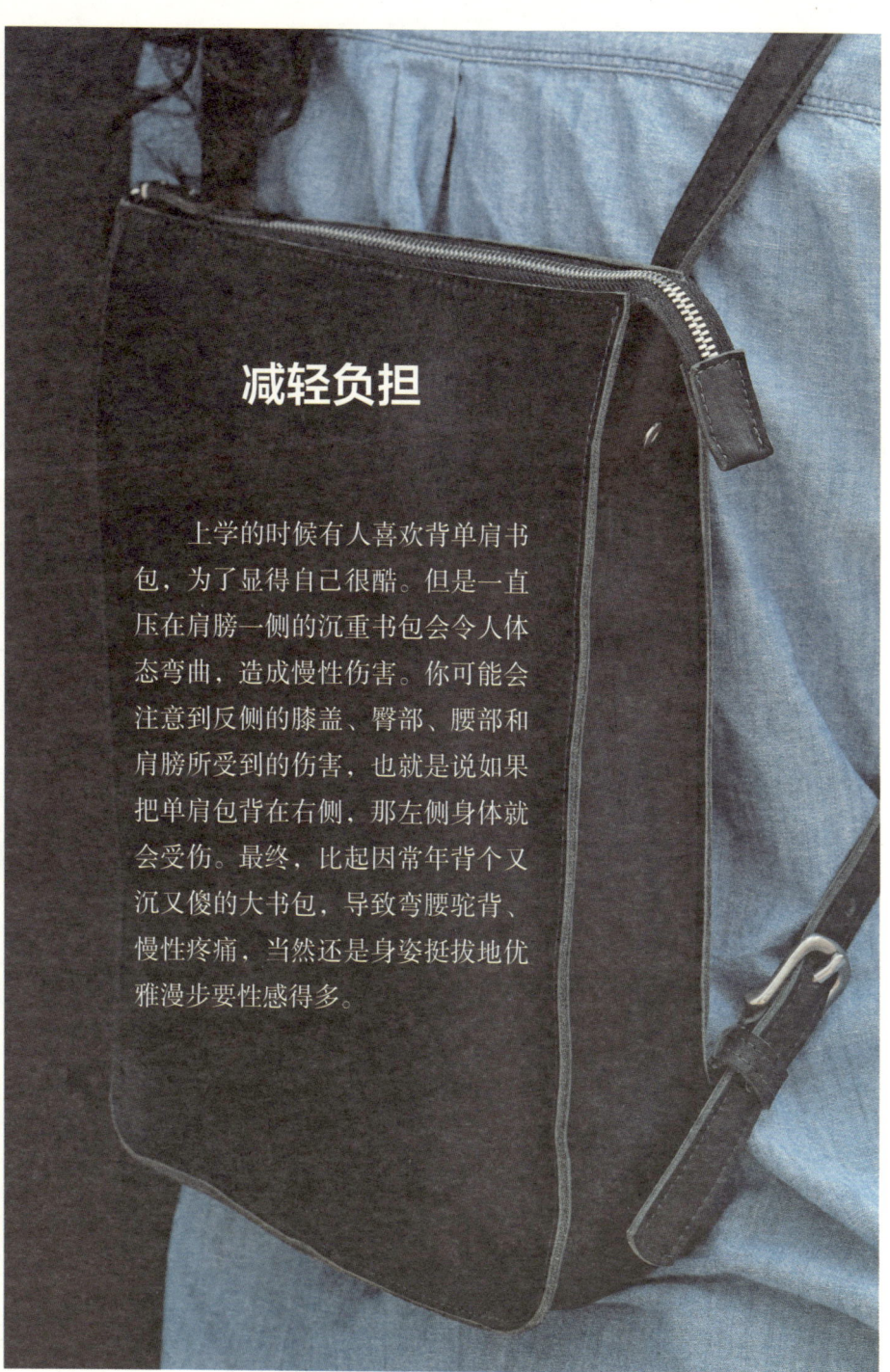

减轻负担

　　上学的时候有人喜欢背单肩书包，为了显得自己很酷。但是一直压在肩膀一侧的沉重书包会令人体态弯曲，造成慢性伤害。你可能会注意到反侧的膝盖、臀部、腰部和肩膀所受到的伤害，也就是说如果把单肩包背在右侧，那左侧身体就会受伤。最终，比起因常年背个又沉又傻的大书包，导致弯腰驼背、慢性疼痛，当然还是身姿挺拔地优雅漫步要性感得多。

空闲是必需品

有时候,大脑才是最需要我们关注和休整的器官。如果你是一个非常有干劲、一天都闲不住的人,那么你真正需要的是——闲一天。没有任务清单,没有电话,没有电脑。这就类似于让肌肉休息一天,使它从重量训练中恢复,变得更加强壮。要是一整天太疯狂了,至少找几小时做点似乎完全浪费时间的事情,比如在平地上放松地走走,坐在草坪上读读书,或者在咖啡馆里看看人、发发呆。

提前1小时准备睡觉

这也许意味着你要牺牲你一贯热爱的活动——在孩子上床睡觉之后窝在沙发里看电视节目。但试一试，洗个澡，做个轻松的瑜伽姿势，或者如果你一点儿也不累，就坐在舒适的椅子上看看书。如果已经累得够呛了，就带着书直接上床去。我们明知自己状态不佳，却依然接受这个事实，原因之一就是我们心里很清楚自己睡眠不足。所以看看这样做会发生什么吧。你的思维会更加清楚敏锐，你的心情也会更好，而且还会有更多的耐心、能量和喜悦。

做些工作、娱乐之外的事

帮助他人,为自己所追求的事业而奋斗,参与到那些能激起你同情心和激情的事情中去,这不仅仅是作为人类应有的重要部分,也是健康的重要组成部分。当你参与到那些对你很重要的事情中去,你的精神和能量会倍增,就如同处于恋爱中一样。你会感觉身体更舒服了。你是不是正摇头想着"我没有时间啊"?这样看这件事:一旦你打算做你非常在意的事,那么你的时间分配自然也会随之改变。新事物会在你的世界中找到一席之地,而等一切就绪,压力也会减小。做做调查,问问朋友,在网上转转,然后选个活动参与进去。有一句话很不错,正好有助于鼓励你迈出这微小却至关重要的一步去突破障碍:"放手去干,你能搞定。"

培养爱心

忘掉酬劳或任何有关回报的事情,仅仅去做无关回报或私利的好事。排队时让一让别人;当别人需要倾诉时认真倾听;真诚地赞美别人,让慷慨成为生活的常态。这是一种很美好的生活方式,而且具有感染力。

什么都是浮云

  我们总是习惯性地在头脑中回放过去的情境，尤其是当某些事情出错的时候，却一而再，再而三地只吃堑不长智，这会让这种周而复始的压力击垮我们。当你发现自己反复思索时，要注意到这一点，并记下到底是什么困扰你（把它从脑子里清除出去，记在一张纸上），然后专注到那些社交活动中去，比如聊聊天，和孩子玩玩积木，或者看看书。

生活

如何净水

有些用于清洁饮用水或者保护牙齿的添加物（尤其是氯和氟），会损害内分泌系统，特别是对控制人体新陈代谢的甲状腺损害很大。在厨房水槽安装炭过滤系统，或者在自来水瓶中放天然炭棒会更好，别忘了给淋浴喷头也装个过滤器。

使用健康炊具

要使用铸铁、陶瓷或不锈钢炊具。铜和铝可以浸入食物中,不粘涂层(如聚四氟乙烯)含有已被证实对动物有害的化学物质。使用玻璃容器,不要用塑料的食品储存容器,永远别把塑料制品放入微波炉里加热。还要小心塑料水瓶,特别是在夏日阳光下,不锈钢或玻璃水瓶更安全。

读懂清洁剂标签

有些清洁剂品牌含有的抗菌剂叫作"三氯生",这种物质一旦和水中的氯(有时用来为自来水消毒)发生化学反应,会生成氯仿,它是一种潜在的致癌物。也要注意标签中是否含有季铵盐-15,这种物质会释放甲醛。如果洗碟子的清洁剂也含有这种物质,那就别用了。

用于皮肤的东西会进入体内

不只是入口的东西会影响你的健康,乳液、面霜、肥皂、护发剂和化妆产品等所有会接触皮肤的东西都会对健康产生影响。查查产品标签中是否含有十二醇硫酸钠和十二烷基醇醚硫酸钠,它们和某些特定化学成分(如三乙醇胺)产生化合反应,会生成致癌物。同时再看看成分表里是否有双咪唑烷基脲、咪唑烷基脲和季铵盐-15,这些成分会释放甲醛。还有对羟基苯甲酸酯,因其致癌性在欧洲被禁,但在美国还是合法的。

把氯从家里赶走

检查你的清洁用品中是否含有漂白剂、次氯酸钠、次氯酸盐和氯，它们本质上是差不多的东西，都不该出现在你的家里。氯是一种毒素，会对人体免疫系统、甲状腺、呼吸系统，以及其他方面造成影响。

不用抗菌洗手液

很多洗手液中所含有的合成抗菌成分三氯生，会扰乱人体免疫系统，并对生育造成影响。改掉每天往手上喷好多次抗菌洗手液的习惯，并把抗菌性药皂从洗手间扔掉。研究证明，普通的旧式肥皂和水就足够有效了，没有任何必要让自己冒险。

清洁空气

在房间里养些植物。适当的时候打开窗户,尽量不用空调而使用电扇来让空气流通。给潮湿的房间除湿,以免滋生霉菌,用新鲜桉属植物代替房间喷雾剂。干洗的衣服取回后别直接装起来,把它们挂到外面吹吹风,或者就把它们穿在外面回家也行,这样可以减少带进衣橱的化学品。

逐步优化清洁剂

把有毒材料清理出去的每一步，都让你的家更加安全。如果你不想浪费已经买了的东西，就从那些离身体最近的开始吧：清洁剂（如果残留在盘子上，最终会和食物一起进入体内）和洗衣粉。然后，在你用光多功能喷雾和玻璃清洁剂等之后，采用非化学替代品或者自制清洁剂：用小苏打、白醋、柠檬、橄榄皂、硼砂、茶树油，你可以调配出各种需要的东西，而无须再担心那些商业喷剂的潜在危害。

"天然牙膏"未必天然

你可能觉得自己已经选用了健康牙膏,但有些牌子在包装上打着"天然"的幌子,却使用染料、人造香精和像丙二醇、三氯生、十二醇硫酸钠或十二烷基醇醚硫酸钠这样的化学品。仔细检查标签或者选用纯天然品牌。这是个重要的选择,因为你其实总会吞下一点儿牙膏的。对孩子而言,这可能是个艰难的转变,但却有助于保护健康,并可让他们受用终身。

用椰子油替代矿物油

　　凡士林、矿物油、婴儿油，它们都是同样的东西，都是一种讨厌的、对人体有害的石油化工产品，会阻碍皮肤呼吸，并减缓自然细胞的发育。改用纯椰子油或乳木果油作为保湿霜或卸妆油吧。考虑到所覆盖的表面积，以及整天都在渗透肌肤的事实，润肤霜对人体系统有着非常重大的影响。天然有机椰子油是一种简单的解决方案，或者选择那些品牌较好的美容品。

停用主流除臭剂

我们都怕用天然除臭剂，因为担心它不起作用。它确实可能起不了作用，你需要多尝试一些品牌，找到对你最有效的那种，而这需要时间让身体调整以适应无化学物配方的产品。也许有一天能养成习惯，但这都是值得的。因为除臭剂的主流品牌会使用丙二醇这种防冻剂来避免产品干掉，丙二醇会导致大脑、肝脏和肾脏异常。如果你把你的主流强力除臭剂也保存在医药箱里以备万一，那这种转变会更容易些。

站着工作

将来有一天我们的孙子会嘲笑我们竟然坐在桌边,而不是站着,就像现在的孩子会被以前的人们不系安全带、无数人抽烟的事实震惊一样。我们进化成双腿站立,而不是整天用臀部坐着。即使是最好的椅子,坐久了也会令臀部和腰部紧张,并使行走肌肉萎缩。站在桌旁是未来的趋势,要是你在办公室能选这个姿势,试试吧。

选择健康的床上用品

给你的床加一张有机床垫,杜绝传统床垫所使用的化学品。是时候换张新床垫了,找张由天然乳胶、棉花或羊毛做的床垫吧。配上未漂白全棉床上用品,别用那些经过化学品处理过的人工合成纤维制品。使用天然材质的地毯,比如羊毛或剑麻制成的地毯。拒绝电热毯,学校里太冷的话就用暖水袋吧。

颜色对情绪的影响

　　特定的颜色或多或少会影响到你在家中的感觉。无论你是要刷墙、给床上添个枕头,还是准备重新布置厨房窗台,都可以选择恰当的颜色来抚慰情绪。

红色给人力量（虽然这只猫可能没感受到）

淡紫色引人沉思

蓝色使人平静

淡绿色令人充满希望

橙色使人快乐

杂物使家杂乱无章

　　清理杂物会让能量重新运转起来。如果身处的环境没有一切外来物的打扰，那么大脑和心智会感觉更舒畅，能发挥出更大的力量。所以扔掉自己不需要的物品，或者选定一个人或组织，向其捐赠必需品，并把这件事坚持下去；把必需的物品有序地整理好。最重要的是，少买东西。

改善居家环境

就居家而言，有几条基本原则可以提升人在精神、身体和心灵上的幸福感。首先，把坏了的东西扔掉或者修好，那些停了的时钟、松了的门把手、破了的扇子之类的，会严重影响房间的"精、气、神"；第二，保持房间过道畅通，清理玄关，不要把大件家具摆在那里；第三，能用圆形的东西，就别用见角见棱的。比如圆形或椭圆形的咖啡桌、圆形的镜子。舒缓的曲线让人觉得舒心，尖锐拐角让人觉得咄咄逼人；第四，增加一些能增强空间活力的东西，比如用些红色，或养些植物或宠物。试试看，你会感觉到的。